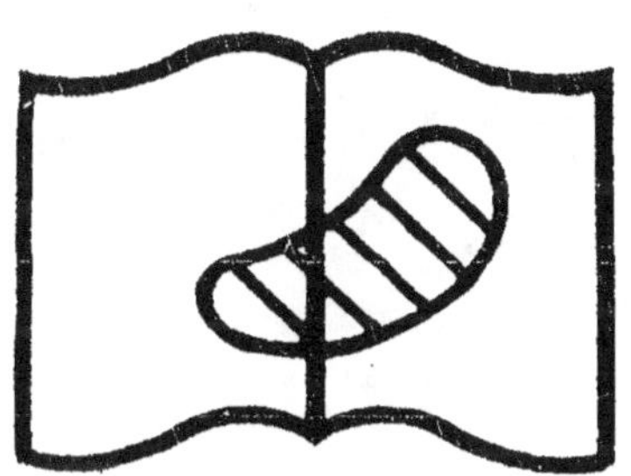

Illisibilité partielle

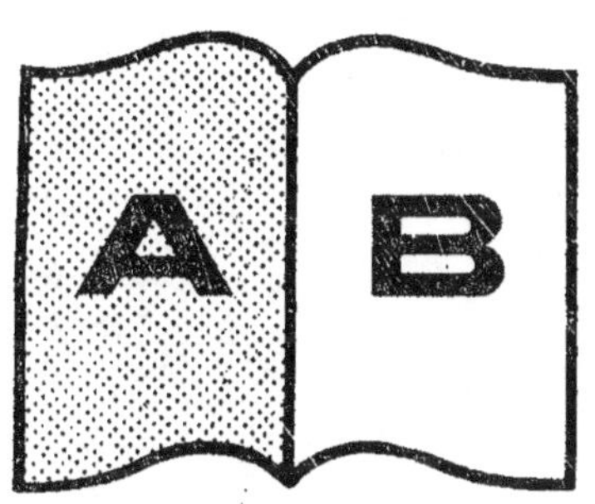

Contraste insuffisant
NF Z 43-120-14

VALABLE POUR TOUT OU PARTIE DU
DOCUMENT REPRODUIT.

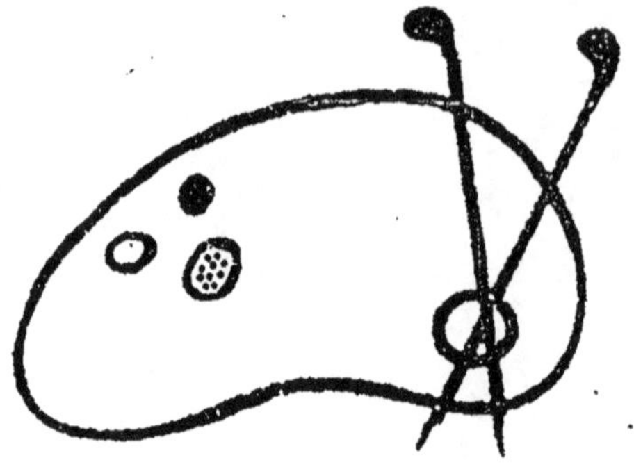

Début d'une série de documents
en couleur

REVUE

DE

L'HISTOIRE DES RELIGIONS

PUBLIÉE SOUS LA DIRECTION DE

MM. JEAN RÉVILLE ET LÉON MARILLIER

AVEC LE CONCOURS DE

MM. E. AMÉLINEAU, Aug. AUDOLLENT, A. BARTH, R. BASSET, A. BOUCHÉ-
LECLERCQ, J.-B. CHABOT, E. CHAVANNES, P. DECHARME, L. FINOT,
J. GOLDZIHER, L. KNAPPERT, L. LÉGER, Israel LÉVI, Sylvain LÉVI,
G. MASPERO, P. PARIS, F. PICAVET, C. PIEPENBRING, Albert RÉVILLE.
C.-P. TIELE, ETC.

A. BOUCHÉ-LECLERCQ

—

LES PRÉCURSEURS

DE L'ASTROLOGIE GRECQUE

PARIS

ERNEST LEROUX, ÉDITEUR

28, RUE BONAPARTE, 28

1897

La REVUE DE L'HISTOIRE DES RELIGIONS paraît tous les deux mois, par fascicules in-8° raisin, de 8 à 10 feuilles d'impression.

Prix de l'Abonnement annuel : Paris . . . . **25 fr.** »
   —   —   — Départements . . . . . . **27 fr. 50**
   —   —   — Étranger . . . . **30 fr.** »
Un numéro pris au Bureau . . . . **5 fr.** »

TARIF DES ANNONCES.

Une page . . . . **30 fr.** »
Une demi page . . . . **20 fr.** »

Tous les ouvrages envoyés à la Revue y seront annoncés, et, s'il y a lieu, analysés.

La Revue est purement historique ; elle exclut tout travail présentant un caractère polémique ou dogmatique.

Prière d'adresser tous les ouvrages destinés à la Revue à M. JEAN RÉVILLE, ou à M. L. MARILLIER, *directeurs de la Revue de l'Histoire des Religions,* chez M. Leroux, éditeur, 28, rue Bonaparte, à Paris.

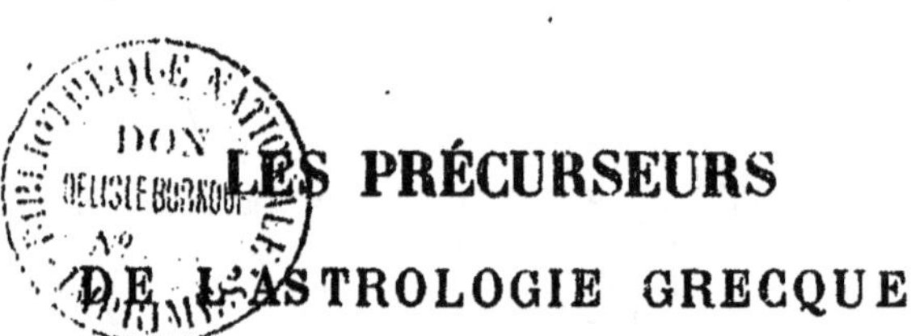

LES PRÉCURSEURS
DE L'ASTROLOGIE GRECQUE

LES PRÉCURSEURS DE L'ASTROLOGIE GRECQUE[1]

L'astrologie est une religion orientale, qui, transplantée en Grèce, un pays de « physiciens » et de raisonneurs, y a pris les allures d'une science. Intelligible en tant que religion, elle a emprunté à l'astronomie des principes, des mesures, des spéculations arithmétiques et géométriques, intelligibles aussi, mais procédant de la raison pure, et non plus du mélange complexe de sentiments qui est la raison pratique des religions. Du mélange de ces deux façons de raisonner est issue une combinaison bâtarde, illogique au fond, mais pourvue d'une logique spéciale, qui consiste en l'art de tirer d'axiomes imaginaires, fournis par la religion, des démonstrations conformes aux méthodes de la science. Cette combinaison, qu'on aurait crue instable, s'est montrée, au contraire, singulièrement résistante, souple et plastique au point de s'adapter à toutes les doctrines environnantes, de flatter le sentiment religieux et d'intéresser encore davantage les athées — *magnum religiosis argumentum*, dit saint Augustin, *tormentumque curiosis*. Quoique inaccessible au vulgaire, qui n'en pouvait comprendre que les données les plus générales, et privée par là du large appui des masses populaires, attaquée même comme science, proscrite comme divination, anathématisée comme religion ou négation de la religion, l'astrologie avait résisté à tout, aux arguments, aux édits, aux anathèmes : elle était même en train de refleurir à la Renaissance, accommodée — dernière preuve de souplesse — aux dogmes existants, lorsque la terre, on peut le dire à la lettre, se déroba sous elle. Le mouvement de la terre, réduite à l'état de planète, a été la secousse qui a fait crouler l'échafaudage astrologique, ne laissant plus debout que l'astrono-

---

mie, enfin mise hors de tutelle et de servante devenue maîtresse.

C'est en Grèce que l'âme orientale de l'astrologie s'est pourvue de tous ses instruments de persuasion, s'est cuirassée de mathématiques et de philosophie. C'est de là que, merveille pour les uns, scandale pour les autres, mais préoccupant les esprits, accablée des épithètes les plus diverses et assez complexe pour les mériter toutes à la fois, elle a pris sa course à travers le monde gréco-romain, prête à se mêler à toutes les sciences, à envahir toutes les religions, et semant partout des illusions qu'on put croire longtemps incurables. Il ne fallut pas beaucoup plus d'un siècle pour transformer l'astrologie orientale en astrologie grecque, celle-ci infusée dans celle-là et gardant encore, comme marque d'origine, le nom de « chaldéenne » ou égyptienne. C'est que, introduite dans le monde grec par le prêtre chaldéen Bérose, dans le premier tiers du IIIe siècle avant notre ère, l'astrologie orientale y trouva un terrain tout préparé par une lignée de précurseurs. Elle y trouva une couche préexistante de débris intellectuels, de doctrines hâtivement édifiées, rapidement pulvérisées par le choc d'autres systèmes, et qui, impuissantes à asseoir une conception scientifique de l'univers, s'accordaient pourtant à reconnaître certains principes généraux, soustraits à la nécessité d'une démonstration par une sorte d'évidence intrinsèque, assez vagues d'ailleurs pour servir à relier entre elles les parties les plus incohérentes de l'astrologie déguisée en science. Ces principes peuvent se ramener, en fin de compte, à celui qui les contient tous, l'idée de l'unité essentielle du monde et de la dépendance mutuelle de ses parties.

Les précurseurs de l'astrologie grecque sont tous des philosophes. Il est inutile de perdre le temps à constater qu'il n'y a pas trace d'astrologie dans Homère, et que le calendrier des jours opportuns ou inopportuns dressé par Hésiode ne relève pas non plus de la foi dans les influences sidérales. Nous considérons comme aussi inutile d'agiter la question, présentement insoluble, de savoir dans quelle mesure nos philosophes dépendaient de traditions orientales puisées par eux aux sources, ou circulant à leur insu autour d'eux.

I

Ce qu'on sait de Thalès se réduit, en somme, à peu de chose[1]. Son nom, comme ceux des autres ancêtres de la science, a servi d'enseigne à des fabricants d'écrits apocryphes et de légendes ineptes. Ces gens-là ne manquaient pas de remonter aux sources les plus lointaines et d'affirmer que Thalès avait été un disciple des Égyptiens et des Chaldéens. Aristote ne paraît connaître les doctrines de Thalès que par une tradition assez incertaine. Plus tard, on cite du philosophe milésien des ouvrages dont le nombre va grandissant : il devient le savant en soi, mathématicien, géomètre, astronome ou astrologue (termes longtemps synonymes), capable de prédire une éclipse de soleil et d'en donner l'explication. C'est par les commentateurs et polygraphes de basse époque que son nom est le plus souvent invoqué, et ses opinions analysées le plus en détail. De tout ce fatras, nous pouvons retenir avec quelque sécurité la proposition doctrinale que : « tout vient de l'eau », ou n'est que de l'eau transformée par sa propre et immanente vitalité. Tout, y compris les astres. Dès le début, la science ou « sagesse » grecque affirme l'unité substantielle du monde d'où se déduit logiquement la solidarité du tout.

Il importe peu de savoir si Anaximandre, disciple de Thalès, avait pris pour substance du monde un élément plus subtil, indéfini en qualité comme en quantité, et même s'il la supposait simple ou composée de parties hétérogènes. Sa doctrine était, au fond, celle de son prédécesseur, avec une avance plus marquée du côté des futures doctrines astrologiques. Il enseignait, au dire d'Aristote, que la substance infinie « enveloppe toutes choses et et gouverne toutes choses ». Cette enveloppe qui « gouverne » est sans nul doute le ciel en mouvement incessant, « éternel »,

1) Pour les références, dont j'ai cru devoir alléger cet article, ceux qui les regretteraient les retrouveront aisément en consultant l'ouvrage magistral de Ed. Zeller, *Philosophie der Griechen* (traduit, jusqu'à Platon exclusivement, par M. Boutroux) ou le recueil de H. Diels, *Doxographi graeci*, Berlin, 1879, pourvu d'*Index* excellents, qui leur fournira *in extenso* à peu près tous les textes visés.

cause première de la naissance de tous les êtres. Pour Anaximandre comme pour Thalès, les astres étaient les émanations les plus lointaines de la fermentation cosmique dont la terre était le sédiment. Il les assimilait, paraît-il, à des fourneaux circulaires d'où le feu s'échappait par une ouverture centrale, — fourneaux alimentés par les exhalaisons de la terre et roulés dans l'espace par le courant de ces mêmes « souffles » ou vapeurs, — ce qui ne l'empêchait pas de les appeler des « dieux célestes », comme l'eussent pu faire des Chaldéens. Science et foi mêlées : il y a déjà là le germe de l'astrologie future. On voit aussi apparaître chez Anaximandre une idée qui sans doute n'était plus neuve alors et qui deviendra tout à fait banale par la suite, pour le plus grand profit de l'astrologie ; c'est que les espèces animales, l'homme compris, ont été engendrées au sein de l'élément humide par la chaleur du soleil, dispensateur et régulateur de la vie.

Avec un tour d'esprit plus réaliste, Anaximène tirait de doctrines analogues les mêmes conclusions. Il commence à préciser le dogme astrologique par excellence ; la similitude de l'homme et du monde, de la partie et du tout, le monde étant aussi un être vivant chez qui la vie est entretenue, comme chez l'homme, par la respiration ou circulation incessante de l'air, essence commune de toutes choses.

L'école des « physiciens » d'Ionie resta jusqu'au bout fidèle à sa cosmologie mécanique. Elle affirma toujours l'unité substantielle du monde, formé d'une même matière vivante à des degrés divers de condensation ou de volatilisation, et elle faisait dériver la pensée — intelligence ou volonté — du groupement et du mouvement des corps. Ces premiers précurseurs, qui butinaient au hasard dans le champ de la science au lieu de le cultiver avec méthode et d'ajourner la moisson, forgeaient des arguments pour les mystiques de tous les temps, pour les découvreurs de rapports occultes entre les choses les plus disparates.

A plus forte raison les imaginations éprises de merveilleux prirent-elles leur élan à la suite de Pythagore. Les néo-pythagoriciens et néo-platoniciens ont si bien amplifié et travesti le ca-

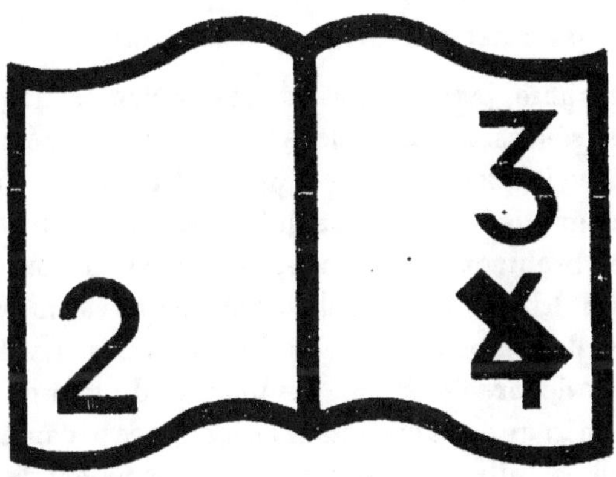

ractère, la biographie, les doctrines du sage de Samos, qu'il n'est plus possible de séparer la réalité de la fiction. Pythagore a passé partout où il y avait quelque chose à apprendre : on le conduit chez les prêtres égyptiens, chaldéens, juifs, arabes, chez les mages de la Perse, les brahmanes de l'Inde, les initiateurs orphiques de la Thrace, les druides de la Gaule, de façon que sa philosophie soit la synthèse de toutes les doctrines imaginables. La légende pythagoricienne déborde aussi sur l'entourage du maître et enveloppe de son mirage cette collection de fantômes pédantesques. Nous en sommes réduits à n'accepter comme provenant de l'école pythagoricienne que les propositions discutées par Aristote, car même les pythagoriciens de Platon sont avant tout des platoniciens.

Le fond de la doctrine pythagoricienne est la notion obsédante, le culte de l'harmonie, de la proportion, de la solidarité de toutes les parties de l'univers, harmonie que l'intelligence conçoit comme nombre, et la sensibilité comme musique, rythme, vibration simultanée et consonante du grand Tout. Le nombre est même plus que cela pour les pythagoriciens : il est l'essence réelle des choses. Ce qu'on appelle matière, esprit, la Nature, Dieu, tout est nombre. Le nombre a pour élément constitutif l'unité ou monade, qui est elle-même un composé de deux propriétés primordiales, inhérentes à l'Être, le pair et l'impair, propriétés connues aussi sous les noms de gauche et de droite, de sexe féminin et masculin, etc., de sorte que l'unité est elle-même une association harmonique et, comme telle, réelle et vivante. Se charge qui voudra d'expliquer pourquoi le pair est inférieur à l'impair, lequel est le principe mâle, la droite par opposition à la gauche, la courbe par opposition à la droite, le générateur de la lumière et du bien, tandis que le pair produit les états opposés. De vieilles superstitions rendraient probablement mieux compte de ces étranges axiomes que des spéculations sur le fini et l'indéfini : car mettre le fini dans l'impair et la perfection dans le fini, c'est substituer une ou plusieurs questions à celle qu'il s'agit de résoudre. Les pythagoriciens aimaient les arcanes et ils trouvaient sans doute un certain plaisir à retourner le sens des mots usuels. Ils employaient, en effet, pour désigner l'indéfini, l'imparfait, le mal, le mot ἄρτιος (pair), qui signifie proprement « convenable », « proportionné », et, pour désigner le fini, le parfait, le bien, le mot περισσός (impair), qui signifie « démesuré », « surabondant ». Ce n'était pas non plus une énigme commode à déchiffrer que la perfection du nombre 10, base du système décimal. Ceux qui en cherchaient la solution au bout de leurs dix doigts étaient loin de compte. Il fallait savoir que le nombre 10 est, après l'unité, le premier nombre qui soit pair-impair (ἀρτιοπερισσός), c'est-à-dire, qui, pair en tant que somme, est composé de deux moitiés impaires. La décade est la clef de tous les mystères de la nature : sans elle, disait Philolaos, « tout serait illimité, incertain, invisible ». On croirait déjà entendre parler des merveilleuses propriétés des *décans* astrologiques.

Le pythagorisme a été, pour les adeptes des sciences occultes en général et de l'astrologie en particulier, une mine inépuisable de combinaisons propres à intimider et à réduire au silence le sens commun. C'est à bon droit que toute cette postérité bâtarde de Pythagore a supplanté ses disciples authentiques et pris, avec leur héritage, le titre de « mathématiciens ». L'école de Pythagore s'était acharnée à mettre le monde en équations, tantôt arithmétiques, tantôt géométriques. Elle a couvert le ciel de chiffres et de figures, traduits en harmonies intelligibles, sensibles, morales, politiques, théologiques, toutes plus absconses et imprévues les unes que les autres. Faire des sept orbes planétaires une lyre céleste, donnant les sept notes de la gamme par la proportion de leurs distances respectives, est la plus connue et la plus simple de ses inventions. Il était plus malaisé d'arriver au nombre de dix sphères, nécessaire à la perfection de l'univers, la décade comprenant tous les autres nombres et leurs combinaisons, y compris le carré et le cube. On sait comment, pour augmenter le nombre des sphères, ces doctrinaires intrépides ont descellé la Terre de sa position centrale et inséré par dessous une anti-Terre, qui tournait avec elle autour d'un feu central invisible pour nous. Comme un projectile mal dirigé peut arriver au but par un ricochet fortuit, ainsi cette vieille chimère encouragea, des siècles plus tard, Aristarque de Samos et Copernic à se ré-volter contre le dogme de l'immobilité de la Terre. Il arrive parfois que l'imagination fait les affaires de la science. Colomb n'eût probablement pas bravé les affres de l'Atlantique s'il n'avait été convaincu que le contre-poids d'un continent occidental était nécessaire à l'équilibre du globe terrestre.

En construisant le monde avec des théorèmes, les pythagori-ciens ont partout dépassé les hardiesses de l'astrologie, qui sem-blera éclectique et prudente par comparaison. Non seulement ils ont attribué aux nombres en eux-mêmes et aux figures géomé-triques des qualités spéciales — assimilant, par exemple, l'unité à la raison, la dualité à « l'opinion », le carré des nombres à la justice, le nombre 5 (produit par l'union du féminin 2 et du mas-culin 3) au mariage, divinisant les polygones réguliers et surtout le triangle, la figure préférée des mystiques et l' « aspect » le plus favorable en astrologie ; — mais de plus, ils avaient localisé ces diverses qualités, types, causes et substances des choses visibles, dans diverses parties de l'univers. Rayonnant de leurs lieux d'é-lection en proportions et suivant des directions mathématiques, ces forces vives créaient aux points de rencontre et marquaient de leur empreinte spécifique le tissu des réalités concrètes. Séparation, mélange, moment opportun (καιρός), proportions, tout l'arsenal des postulats astrologiques est là, et les pièces principales de l'outillage sont déjà forgées. Les astrologues n'ont fait que limiter le nombre des combinaisons calculables, et dis-qualifier certains types, comme le carré, qui leur parut antago-niste du triangle, et la décade, qui se défendit mal contre l'hégé-monie des nombres 7 et 12. En revanche, nous verrons reparaître dans les 36 décans astrologiques, d'abord la décade, ensuite la fameuse quadrature (τετρακτύς) pythagoricienne, le nombre 36 étant la somme des quatre premiers nombres impairs et des quatre premiers nombres pairs, et en même temps la somme des cubes de 1, de 2 et de 3, autrement dit, le résumé de toutes les raisons ultimes des choses et la « source de l'éternelle Nature ».

C'est peut-être de l'astronomie pythagoricienne que l'astrolo-

gie a tiré le moindre parti. La doctrine de la mobilité de la Terre
allait directement contre le but de l'astrologie, et l'explication
naturelle des éclipses était plutôt importune à ceux qui en fai-
saient un instrument de révélation. Quant à la métempsycose
et la palingénésie, c'étaient des doctrines qui pouvaient s'adapter
et se sont adaptées en effet aux systèmes astrologiques ; mais il y
fallait une suture, et les astrologues philosophes se sont contentés
de montrer qu'ils n'étaient pas incapables de la faire.

Si les disciples de Pythagore oubliaient un peu trop la terre
pour le ciel, l'école d'Élée faillit dépasser dans un sens contraire
l'état d'esprit favorable à l'éclosion des idées astrologiques. Xé-
nophane, non moins dédaigneux des opinions du vulgaire,
s'avisa que les astres, y compris le soleil et la lune, devaient être
de simples météores, des vapeurs exhalées par la terre, vapeurs
qui, s'enflammant d'un côté de l'horizon, traversaient l'atmos-
phère comme des fusées et allaient s'éteindre du côté opposé. La
terre était assez vaste pour produire et consommer plusieurs de
de ces flambeaux improvisés, et l'on entend dire que, suivant Xé-
nophane, chaque climat avait le sien. Ce n'est pas dans ces feux
d'artifice, renouvelés chaque jour, que l'astrologie eût pu placer
les forces génératrices, éternellement semblables à elles-mêmes,
dont elle prétendait calculer les effets sur terre. Enfin, la doctrine
éléatique par excellence, l'idée que le monde est un et immobile
— au point que la multiplicité et le mouvement sont de pures
apparences — était la négation anticipée des dogmes astrolo-
logiques. Ni Parménide, ni Zénon, ni Melissus n'ont collaboré à
la génèse de la divination sidérale.

Héraclite, partant d'un principe opposé, qu'il se flattait d'avoir
découvert aussi loin des sentiers battus, ne voyait dans la stabi-
lité relative des apparences qu'une illusion qui nous cache le flux
perpétuel de la substance des choses. A vrai dire, pour Héraclite,
rien n'est, puisque l'être ne se fixe nulle part ; mais tout devient,
sans arriver jamais à se réaliser, à se distinguer de la masse
mouvante qui fuit à travers le réseau des formes sensibles.
Comme tous les physiciens d'Ionie, il voyait dans les divers états
de la matière ou substance universelle des degrés divers de con-

densation ou de dilatation, et il importe peu que le type normal
soit pris au milieu ou à l'extrémité de la série. Héraclite partait
de l'état le plus subtil : il considérait le feu comme l'élément
moteur et mobile, générateur et destructeur par excellence. Les
astres étaient pour lui des brasiers flottant en vertu de leur légè-
reté spécifique au haut des airs et alimentés par les vapeurs terrestres. Le soleil, en particulier, peut-être le plus petit, mais le
plus rapproché de tous, se régénérait chaque jour, éteint qu'il
était chaque soir par les brumes de l'Occident. Héraclite ne voulait pas que les astres opposassent quelque consistance au flux
universel. Le soleil n'en était pas moins l'excitateur de la vie sur
terre, et c'en est assez pour que sa doctrine fournît un appoint
à la dialectique des astrologues. Si l'âme, la raison, l'intelligence
est un feu allumé d'en haut, il n'y a plus à démontrer l'affinité de
l'homme avec les astres et sa dépendance à l'égard de ceux-ci.

Tous les philosophes que nous avons passés en revue jusqu'ici
étaient en lutte avec le sens commun, et ceux d'entre eux qui
avaient versifié l'exposé de leurs systèmes ne comptaient évidemment pas sur la clientèle des rhapsodes homériques. Empédocle,
au contraire, convertit en vanité une bonne part de son orgueil.
Il aimait à prendre les allures d'un prophète inspiré, et nul doute
que, s'il eût connu l'astrologie, celle-ci n'eût fait entre ses mains
de rapides progrès.

La substitution de quatre éléments différents et premiers au
même titre, la terre, l'eau, l'air et le feu, à une substance unique
plus ou moins condensée n'intéressait, alors comme aujour-
d'hui, que la métaphysique. Cependant, le système d'Empédocle, en mettant la diversité à l'origine des choses, exigeait de
l'esprit un moindre effort que le monisme de ses devanciers, et
la variété des mélanges possibles n'était pas moindre que celle
des déguisements protéiformes de la substance unique. Ce système avait encore l'avantage d'expliquer d'une façon simple une
proposition qui a une importance capitale en astrologie, à savoir,
comment les corps agissent à distance les uns sur les autres.
Suivant Empédocle, ils tendent à s'assimiler par pénétration réciproque, pénétration d'autant plus facile qu'ils sont déjà plus sem-

blables entre eux. Il conçoit des effluves (ἀπόῤῥοαί) ou jets de molécules invisibles, qui, guidés par l'affinité élective, sortent d'un corps pour entrer dans un autre par des pores également invisibles, tendant à produire de part et d'autre un mélange de mêmes proportions et, par conséquent, de propriétés identiques. La lumière, par exemple, est un flux matériel qui met un certain temps à aller du corps qui l'émet à celui qui le reçoit. On ne saurait imaginer de théorie mieux faite pour rendre intelligible l'influence des astres sur les générations terrestres, et aussi celle qu'ils exercent les uns sur les autres quand ils se rencontrent sur leur route, genre d'action dont les astrologues tiennent grand compte et qu'ils désignent par les mots de contact et de défluxion (συναφή-ἀπόῤῥοια).

Le monde, le κόσμος, est pour Empédocle le produit d'une série indéfinie de compositions et décompositions opérées par l'amour et la haine, l'attraction et la répulsion. La vie et le mouvement naissent de la lutte de ces deux forces primordiales : quand l'une d'elles l'emporte, elle poursuit son œuvre jusqu'à ce que la combinaison intime de tous les éléments ou leur séparation complète produise l'immobilité, la mort de la « Nature ». Mais ce repos ne saurait être définitif. La force victorieuse s'épuise par son effort même ; la force vaincue se régénère, et le branle cosmique recommence en sens inverse, engendrant un monde nouveau, destiné à rencontrer sa fin dans le triomphe exclusif de l'énergie qui l'a suscité. Il va sans dire que le monde actuel est l'œuvre de la haine, et que, parti de l'heureuse immobilité du Sphæros, il marche à la dissociation complète. Empédocle eût sans doute été embarrassé d'en donner d'autres preuves que les souvenirs de l'âge d'or : mais ce lieu commun poétique gardait encore, surtout aux yeux d'un poète comme lui, la valeur d'une révélation des Muses. Du reste, l'imagination tient dans l'œuvre d'Empédocle plus de place que la logique pure : il était de ceux qui trouvent plus aisément des mots que des raisons, et la légende qui le fait passer pour un charlatan n'a fait qu'exagérer un trait bien marqué de son caractère. Sans nous attarder à fouiller sa cosmogonie pour y retrouver maint débris de vieux mythes, nationaux ou exotiques, nous signalerons en passant des idées qui furent plus tard exploitées par les astrologues. Les premiers et informes essais de la nature créatrice, les monstres produits par le rapprochement fortuit de membres disparates, expliqueront les formes les plus étranges domiciliées dans les constellations, comme le souvenir des dragons, chimères et centaures mythologiques a suggéré à Empédocle lui-même sa description de la terre en gésine. Celle-ci n'est plus la mère universelle. Elle est bien au centre de l'univers, maintenue en équilibre par la pression des orbes célestes qui tournent autour d'elle, mais elle n'a pas enfanté les astres et elle ne surpasse pas en grandeur le soleil, qui est de taille à projeter sur elle des effluves irrésistibles.

C'est le précurseur de la physique atomistique que Lucrèce admire dans Empédocle. Leucippe et son disciple Démocrite firent rentrer dans la science l'idée de l'unité qualitative de la substance universelle en ramenant les quatre éléments à n'être plus que des groupements d'atomes de même substance, mais de formes et de grosseurs diverses. Ils conservèrent cependant au feu, générateur de la vie et de la pensée, une prééminence que les astrologues adjugeront tout naturellement aux astres. Le feu n'était pas comme les autres éléments, une mixture d'atomes divers, mais, une coulée d'atomes homogènes, les plus ronds et les plus petits de tous, capables de pénétrer tous les autres corps, même les plus compactes. La genèse du monde — ou plutôt des mondes, car celui que nous voyons n'est qu'une parcelle de l'univers — est, pour les atomistes, un effet mécanique de la chute des atomes, mouvement qui, par suite des chocs et ricochets obliques, produit des tourbillons circulaires. Dans chacun de ces tourbillons, les atomes se criblent en quelque sorte et se tassent par ordre de densité. Les plus pesants vont au centre où ils forment la terre ; les autres s'étagent entre le centre et la circonférence, où les plus légers et le plus mobiles s'enflamment par la rapidité de leur mouvement. La logique du système exigeait que la masse de feu la plus considérable et la plus active, celle du Soleil, fût la plus éloignée du centre, et c'est bien ainsi que l'entendait Leucippe, car on nous dit qu'il plaçait la Lune au plus près de la

Terre, le Soleil au cercle « le plus extérieur », et les autres astres entre les deux. Mais Démocrite paraît avoir imaginé les hypothèses les plus hardies pour remettre la doctrine d'accord avec l'opinion commune, avec le fait indubitable que le foyer solaire est celui dont nous sentons le mieux la chaleur. Il en vint à supposer, dit-on, que le Soleil avait été d'abord une sorte de Terre, qui tendait à s'immobiliser au centre du tourbillon primordial, mais qui, supplantée ensuite par la croissance plus rapide de notre Terre, avait été entraînée par le mouvement céleste à tourner autour de celle-ci et se serait « remplie de feu » à mesure que s'accroissait sa vitesse et que s'élargissait son orbite. Ainsi le Soleil restait à portée de la Terre, qui le nourrissait de ses vapeurs, en échange de sa lumière et de sa chaleur. La même hypothèse rendait compte de la proximité plus grande et de la nature moins ignée de la Lune. En fin de compte, ces deux astres, que les astrologues appelleront les « luminaires » (τὰ φῶτα), pour les distinguer des autres planètes, étaient mis à part des autres et rattachés par des liens plus étroits à la Terre, dont ils reproduisaient, avec une dose d'atomes ignés en plus, la composition moléculaire. Ce sera une petite contribution aux théories astrologiques. L'action prépondérante des « luminaires » paraissait chose évidente ; mais la doctrine de Démocrite servira à montrer que cette action, plus forte comme quantité, l'est encore comme qualité, en vertu d'affinités plus étroites. L'hypothèse de l'accélération du mouvement solaire, empruntée à Empédocle (qui, lui, supposait une accélération du mouvement général du Sphæros), fournira aux astrologues des théories aussi ingénieuses que bizarres sur la durée de la vie intra-utérine, théories tendant à démontrer l'identité primordiale de l'horoscope de la conception et de celui de la naissance. Cette période de la vie durait à l'origine un jour, et ce jour, en gardant sa durée première, est devenu depuis un laps de temps mesuré par sept mois et plus. Enfin, si les astrologues proprement dits se sont peu réclamés de Démocrite, en revanche, le philosophe d'Abdère devint le patron des alchimistes, qui n'étaient en somme que des astrologues descendus de l'observatoire au laboratoire.

En même temps que les atomistes, Anaxagore, un peu plus âgé que Démocrite, utilisait comme eux les essais de ses devanciers pour improviser comme eux une cosmogonie qui ne diffère de la leur que par les principes métaphysiques. Anaxagore substitua à l'essence unique des Ioniens, des Éléates et des atomistes, non plus quatre éléments, comme Empédocle, mais une infinité de corps simples, qui, sans être jamais complètement dégagés de tout mélange, révèlent leurs qualités spécifiques dans les composés où l'un deux est en proportion dominante. Il conçut aussi la genèse du monde comme résultant des propriétés immanentes de la substance ; mais il crut devoir ajouter à la série des causes une cause initiale, une Intelligence qui avait donné le branle à la machine. Le philosophe n'entendait évidemment pas rentrer par là dans la logique vulgaire, qui explique l'œuvre par l'ouvrier, et amener son système au degré de simplicité qu'offrent les cosmogonies des religions orientales. Mais qu'il le sût ou non, il avait introduit ou plutôt ramené dans la science le principe qui l'intimide et la fait reculer partout où il s'implante ; l'idée d'une action voulue, qui remplace l'enchaînement nécessaire des causes et des effets. Bon gré mal gré, la cause initiale allait devenir aussi cause finale, et on trouverait de plus en plus inutile de chercher dans les propriétés de la matière mise en œuvre des raisons qui se découvraient bien plus aisément dans la volonté intelligente de l'ouvrier. La place était prête pour le démiurge de Platon.

En moins de deux siècles, la science hellénique semblait avoir achevé son cycle : elle revenait vers son point de départ, vers la foi religieuse. Pour employer un mot qui n'était pas encore à la mode en ce temps-là, on l'accusait de banqueroute. Ses efforts mal coordonnés avaient porté à la fois sur tous les domaines de la connaissance ; elle était partie en guerre contre « l'opinion » et avait discrédité le sens commun, sans mettre à la place autre chose que des affirmations sans preuves, qui se détruisaient mutuellement, d'un système à l'autre, par leur discordance même. Les sophistes en conclurent que rien ne restait debout, et que chacun était libre de nier ou d'affirmer à son gré, sur quelque sujet que ce fût. A quoi bon chercher le vrai, le réel, puisque, comme les Éléates et Héraclite l'avaient démontré par des méthodes contraires, nous ne pouvons percevoir que des apparences trompeuses, et que le témoignage même de nos sens est ce dont nous devons le plus nous défier? « L'homme est la mesure de toutes choses », disait Protagoras ; chacun se façonne une vérité à son usage, autrement dit, conforme à ses intérêts, et celui-là est passé maître dans l'art de vivre qui, sans être dupe de sa propre opinion, réussit à l'imposer aux autres par l'éloquence ou, au besoin, par la force.

II

Avec Socrate s'ouvre une nouvelle ère. Socrate passe pour avoir terrassé l'hydre de la sophistique et sauvé la morale en danger. Ce n'est pas qu'il entendît défendre une parcelle quelconque de la science ou de la tradition : il acheva, au contraire, de ruiner tout ce qui ressemblait encore à une affirmation, y compris les propositions sophistiques. Mais, tout en déclarant ne rien savoir, il invita tous les hommes de bonne volonté à chercher la vraie science, leur certifiant, au nom d'une révélation divine, qu'ils la trouveraient et que la morale y serait contenue par surcroît. Seulement, il pensait que la raison humaine ne peut connaître avec certitude d'autre objet qu'elle-même, et que la science future devait s'interdire, par conséquent, les vaines recherches qui l'avaient dévoyée, l'étude de la « Nature » extérieure. Si l'homme n'était plus, aux yeux de Socrate, la mesure de toutes choses, il restait la mesure de celles qu'il peut connaître : les limites de sa nature marquaient aussi les limites de son savoir. Au delà s'étendait à perte de vue l'inconnaissable, le mystère du divin, dans lequel l'esprit humain ne peut pénétrer que par la Révélation. On sait quel cas il faisait des sciences dépourvues d'applications pratiques, et en particulier des théories cosmogoniques qui avaient tant exercé jusque-là l'ingéniosité des philosophes. « En général », dit Xénophon, « il défendait de se préoccuper outre mesure des corps célestes et des lois suivant lesquelles la divinité les dirige. Il pensait que ces secrets sont impénétrables aux hommes, et qu'on déplairait aux dieux en voulant sonder les mystères qu'ils n'ont pas voulu nous révéler. Il disait qu'on courait le risque de perdre la raison en s'enfonçant dans ces spéculations, comme l'avait perdue Anaxagore avec ses grands raisonnements pour expliquer les mécanismes des dieux ».

C'est le cri des moralistes de tous les temps, et on dirait que l'astronomie leur paraît de toutes les sciences la plus orgueilleuse et la plus inutile. Horace demandant de quoi a servi à Archytas de·« parcourir le ciel, puisqu'il devait mourir », n'est pas moins pressant là-dessus que Bossuet s'écriant (dans son *Sermon sur la loi de Dieu*) : « Mortels misérables et audacieux, nous mesurons le cours des astres... et, après tant de recherches laborieuses, nous sommes étrangers chez nous-mêmes ! », ou que Malebranche écrivant (dans sa *Recherche de la vérité*) : « Qu'avons-nous tant à faire de savoir si Saturne est environné d'un anneau ou d'un grand nombre de petites lunes, et pourquoi prendre parti là-dessus ? » Socrate bornait l'utilité de l'astronomie à la confection du calendrier ; pour le surplus, il se moquait des gens qui, même s'ils parvenaient à savoir ce qui se passe là-haut, ne pourraient jamais « faire à leur gré les vents et la pluie ». Quel accueil eût-il fait à l'astrologie, qui avait la prétention d'être précisément l'astronomie appliquée, et appliquée à la connaissance de l'homme, s'il l'avait connue et si elle avait pu lui démontrer qu'elle était révélée ? Nous l'ignorons ; mais il est bon de noter que ce furent ses disciples les plus fidèles, les moralistes les plus étroits et les plus fermés aux curiosités de la science inutile, les stoïciens, qui introduisirent l'astrologie dans le sanctuaire de la philosophie pratique. S'il avait fait descendre la philosophie du ciel en terre, comme on le répète depuis Cicéron, elle ne tarda pas à y remonter.

Les grands initiateurs n'ont jamais été des constructeurs de systèmes, mais des hommes qui ont ramassé toute leur énergie dans un sentiment unique, dans un vouloir puissant, capable d'agir par le choc sur la volonté des autres et de la marquer de son empreinte. L'impulsion ainsi donnée peut se transformer en mouvements divergents, mais le point de départ commun reste visible des directions les plus opposées. Après Socrate, quiconque se proposa d'arriver par le savoir à la vertu et de n'estimer la science qu'en raison de son efficacité morale fut un socratique.

Pur de tout mélange d'indiscrète curiosité, le socratisme eût tué l'esprit scientifique sans atteindre le but visé, car la morale ne peut être objet de science. L'exercice d'une volonté supposée libre échappe par définition à l'étreinte rigide des lois naturelles que la science cherche à établir. En voulant associer et même confondre des procédés intellectuels incompatibles, les moralistes socratiques se sont obstinés dans la prétention de démontrer l'indémontrable, et leurs systèmes ont fini par s'absorber dans des dogmes religieux dont ils tenaient indûment la place.

C'était déjà une religion que la vaste et poétique synthèse où Platon fit entrer des connaissances encyclopédiques converties en dogmes moraux. Après avoir longtemps retourné dans tous les sens les problèmes de pure morale, privée et publique, Platon voulut aussi, comme les savants d'autrefois, écrire un traité de la Nature. Il ne put que faire un triage dans les doctrines antérieures, avec une préférence marquée pour le pythagorisme, et relier le tout par son apport à lui, le plan voulu et conscient du « démiurge », en qui l'on reconnaît encore l'Esprit moteur d'Anaxagore. Le *Timée* est peut-être la dernière œuvre de Platon. C'est aussi la plus mystique, celle où l'habitude d'affirmer sans preuves s'étale avec le plus de complaisance, sous la responsabilité du pythagoricien Timée, et où l'affaiblissement de la raison raisonnante est le plus sensible. Aussi le *Timée* devint-il plus tard le bréviaire de tous les adeptes des doctrines, sciences et arts mystiques, qui l'ont torturé et dénaturé en le commentant sans cesse. Les astrologues ne furent pas les derniers à faire provision d'arguments dans le *Timée*. Ils n'eurent que l'embarras du choix, car tout le système est fait à souhait pour appuyer leurs postulats.

D'abord, le monde est un : le démiurge a ramassé dans sa capacité sphérique toute la matière existante, la totalité de chacun des quatre éléments, — ceux-ci différenciés simplement par les

formes géométriques de leurs molécules, — de sorte qu'il n'y a
aucun obstacle extérieur, choc ou résistance, qui puisse être pour
lui une cause de désordre ou de destruction. De plus, le monde
est un être vivant, dont tous les organes, par conséquent, sont
solidaires les uns des autres et liés par une harmonie si parfaite
que ce vaste corps est à jamais « exempt de vieillesse et de mala-
die ». Cet être vivant a pour principe de vie et de mouvement
une âme composée en raison ternaire d'éléments spirituels, cor-
porels et mixtes, âme créée avant le corps, qu'elle enveloppe et
pénètre. Elle comprend sept parties premières, ordonnées et sub-
divisées suivant les proportions de l'harmonie musicale, arithmé-
tique et géométrique. L'essence spirituelle de l'âme meut le cercle
extérieur du monde de gauche à droite (d'Orient en Occident),
et l'essence matérielle imprime aux sept cercles intérieurs un
mouvement en sens contraire autour d'un axe incliné sur l'autre,
mouvement qui, combiné avec le premier, leur fait décrire dans
l'espace, avec des vitesses différentes, des spirales alternativement
montantes et descendantes. De ces cercles ou astres mouvants,
Platon ne connaît encore par leur nom que la Lune, le Soleil,
Vénus et Mercure : « pour les autres, les hommes ne s'étant pas
mis en peine de leurs révolutions, sauf un bien petit nombre, ils
ne leur donnent pas de noms ». On voit bien — soit dit en passant — que Platon ne connaît pas encore l'astrologie chaldéenne.
Seule, la Terre, traversée et comme clouée à sa place par l'axe
immobile sur les pivots duquel roule l'univers, ne participe pas
au mouvement général imprimé après coup à la machine ronde.

Tous ces astres, fixes ou errants, et la Terre elle-même, « la
plus ancienne des divinités nées dans l'intérieur du ciel », sont
des dieux vivants et immortels, le démiurge les ayant façonnés
de corps et d'âme à l'image du monde entier, qui est le plus
grand des dieux après son auteur. Les astres une fois créés, le
démiurge, qui ne voulait pas mettre directement la main à des
œuvres périssables, laissa aux « organes du temps », aux dieux-
planètes, le soin d'achever le monde en façonnant eux-mêmes les
êtres mortels. Il se contenta de leur fournir, pour animer ces êtres,
des âmes de qualité inférieure, devant qui il daigna exposer ses

desseins et justifier sa Providence avant de les répartir par lots dans les astres. Autant qu'on en peut juger à travers l'obscurité peut-être voulue du texte, les âmes font une station dans les étoiles fixes avant de descendre dans les sphères inférieures, où les dieux-planètes s'occupent de leur confectionner un habitacle matériel. Copiant de leur mieux le modèle universel dont eux-mêmes et le monde étaient déjà des copies, ces dieux façonnent, pour y loger les âmes, des corps sphériques. Malheureusement, l'enveloppe sphérique de l'âme eut besoin d'un véhicule pour la porter et la soustraire aux chocs qu'elle eût rencontrés en roulant à la surface de la terre. Les dieux, n'ayant plus cette fois de modèle à copier, imaginèrent un mécanisme approprié au but. Platon étale à ce propos les naïvetés de sa physiologie, montrant comme quoi le poumon, perméable à l'air et rafraîchi par les boissons, rafraîchit à son tour le cœur, auquel il sert de coussin; comment la rate a pour fonction d'essuyer la surface miroitante du foie, sur laquelle les dieux font apparaître les images dont ils veulent occuper l'âme; et comment les intestins, repliés sur eux-mêmes, allongent le trajet des aliments afin de laisser à l'homme le temps de penser. Pour douer de vie le véhicule de l'âme intelligente, les dieux sont obligés de prélever sur la substance de celle-ci de quoi confectionner deux autres âmes plus matérielles, logées l'une dans la poitrine, l'autre dans le ventre, et ils prennent soin de séparer ces trois hôtesses du corps par des barrières, la cloison du diaphragme et l'isthme du cou. Les organes des sons ne sont pas oubliés, et la théorie de la perception externe dépasse en imprévu tout le reste.

Platon n'a pas jugé à propos d'expliquer nettement si chaque dieu planétaire fabrique des habitants pour son propre domaine, ou s'ils s'occupent tous de façonner les hommes qui vivent sur la terre. Anaxagore et Philolaos ayant déjà placé des habitants sur la lune, il est probable que Platon peuplait toutes les planètes. Mais le système de la pluralité des mondes habités n'a jamais souri aux astrologues, qui ont besoin de faire converger vers la terre tout l'effet des énergies sidérales. Aussi, les commentateurs du *Timée* profitèrent des réticences embarrassées de Platon pour lui faire contresigner la théorie la plus favorable à la thèse astrologique, à savoir que l'homme terrestre est le produit de la collaboration de tous les dieux-planètes.

Les mythes platoniciens doivent au vague même de leurs contours une certaine grâce, et l'on reste libre de croire que le maître lui-même ne les prenait pas autrement au sérieux[1] : mais, transformés en dogmes par la foi pédantesque des néo-platoniciens, ils devinrent d'une puérilité qui fait sourire. Tel croit savoir que les âmes descendent des régions supérieures par la Voie Lactée, d'où elles apportent le goût et le besoin de l'allaitement; un autre, commentant le X° livre de la *République* — où se trouve déjà esquissé l'itinéraire des âmes — sait où sont les ouvertures par lesquelles elles passent. Elles descendent par le tropique chaud du Cancer, et remontent après la mort par le tropique froid du Capricorne, attendu qu'elles arrivent pleines de chaleur vitale et qu'elles s'en retournent refroidies. Cette descente ou chute des âmes, combinée avec la métempsycose et la théorie de la réminiscence, rendait merveilleusement compte de l'action des planètes non seulement sur le corps humain qu'elles construisent de toutes pièces, mais sur l'âme, qui traverse leurs sphères ou même s'arrête sur chacune d'elles et arrive ainsi à la terre chargée de tout ce qu'elle s'est assimilé en route. De même, le retour des âmes aux astres d'où elles sont parties fournit un thème tout fait au jeu des « catastérismes » ou transferts dans les astres, qui deviendra si fort à la mode et fera du ciel, pour le plus grand bénéfice des astrologues, une collection de types fascinant à distance et pénétrant de leurs effluves les générations terrestres.

Quand le mysticisme déchaîné par Platon menaça d'emporter la raison humaine à la dérive, le maître n'était plus là pour tempérer de son énigmatique sourire la ferveur de ses disciples. Son nom, invoqué à tout propos par les astrologues, magiciens, théurges, alchimistes, cabbalistes et démonologues de toute race,

---

1) Cf. sur ce sujet la thèse récente — aux conclusions excessives peut-être, mais à coup sûr inquiétantes pour les moralistes — de L. Couturat, *De platonicis mythis*. Paris, 1896.

servit à couvrir les plus rares inepties qu'aient jamais produites
des cerveaux enivrés de mystère. Toutes ces âmes en disponibi-
lité que le démiurge sème à pleines mains dans le monde devien-
dront — ou plutôt redeviendront — des génies, des volontés
agissantes, dont l'obsédante intrusion remplacera, pour des esprits redescendus au niveau intellectuel des primitifs, la notion
de loi naturelle.

Mais laissons-là le *Timée* et ses commentateurs. C'est le plato-
nisme tout entier qui est prêt à se convertir en astrologie. Le
ciel de Platon est couvert des modèles de tout ce qui existe sur
terre, modèles copiés eux-mêmes sur les Idées divines. Toute la
machine est une vaste roulette dont l'axe, un fuseau d'acier, re-
pose sur les genoux de la Nécessité, et c'est de là que tombent
sur terre les âmes déjà criblées, triées, estampillées par le mouvement des orbes qui tournent à l'intérieur avec un ronflement
sonore et les font vibrer à l'unisson de leur éternelle harmonie.
Platon parle déjà comme un astrologue, ou plutôt il dicte aux
astrologues futurs un de leurs dogmes, quand il dit dans le *Ban-
quet* que le sexe masculin est produit par le Soleil, le féminin
par la Terre, et que la Lune participe des deux.

Nous pourrions sans inconvénient éliminer Aristote de la liste
des précurseurs de l'astrologie, si ce prince de la science antique
n'était de ceux avec lesquels toute doctrine a dû chercher des
accommodements. C'est Aristote qui a fixé pour des siècles la
théorie des propriétés élémentaires de la matière, théorie qui fait
le fond de la physique astrologique de Ptolémée et lui permet
d'expliquer scientifiquement la nature des influences astrales.
Aristote accepte les quatre éléments déclarés corps simples par
Empédocle, mais en les considérant chacun comme un couple
de qualités sensibles à choisir dans les quatre que révèle le sens
du toucher, c'est-à-dire le chaud, le froid, le sec et l'humide.
Ainsi, l'union du chaud et du sec produit le feu ; celle du chaud
et de l'humide, l'air ; celle du froid et de l'humide, l'eau ; celle
du froid et du sec, la terre. Ce sont là toutes les combinaisons
possibles, celle du chaud et du froid ou du sec et de l'humide
n'aboutissant qu'à une simple soustraction d'énergie. Chacune

des propriétés couplées pouvant se découpler pour entrer dans une autre association binaire, les éléments peuvent se transformer les uns dans les autres : proposition de grande conséquence, car l'affirmation contraire eût pu décourager non pas les astrologues, qui trouvent à glaner dans tous les systèmes, mais les alchimistes. Aristote assure ainsi à sa théorie les avantages de deux conceptions jusque-là opposées, de celle qui affirmait l'unité de la substance comme de celle qui tenait pour la diversité qualitative des éléments. Le froid, le chaud, le sec et l'humide reviendront à satiété dans la dialectique des astrologues qui cherchent à déguiser le caractère religieux de l'astrologie, car c'est là qu'aboutit chez eux tout raisonnement remontant aux causes premières.

La cosmographie d'Aristote est à la hauteur de la science astronomique de son temps. Il en a éliminé la cosmogonie, en soutenant que le monde n'a pas eu de commencement : pour le reste, il a adopté, en le retouchant de son mieux, le système des sphères, imaginé jadis par les physiciens d'Ionie, développé par Eudoxe et Callippe. I' l'a débarrassé de l'harmonie musicale des pythagoriciens, et il a relâché autant qu'il l'a pu les liens de solidarité qu'il trouva établis entre les générations terrestres et les astres, en s'insurgeant contre la tyrannie des nombres et des figures géométriques, en attribuant à tout ce qui vit une âme locale, un moteur propre, qui contient en soi sa raison d'être et poursuit ses fins particulières. L'esprit général de la philosophie péripatéticienne, qui est de substituer partout le vouloir à l'impulsion mécanique, la cause finale à la cause efficiente, est au fond — et c'est en cela qu'il est socratique — le contre-pied de l'esprit scientifique. Comme tel, il n'était pas favorable à l'astrologie sous forme de science exacte, toute spontanéité ayant pour effet de déranger les calculs mathématiques, et, d'autre part, il n'aimait pas le mystère, l'incompréhensible. Théophraste, qui fut un des premiers à entendre parler de l'astrologie chaldéenne enseignée par Bérose, ne paraît pas l'avoir prise au sérieux. Il trouvait « merveilleuse » cette façon de prédire « la vie de chacun et la mort, et non des choses communes simplement » : mais on sait ce que signifie « merveilleux » sous la plume d'un péripatéticien. Cependant, les péripatéticiens, en tirant une ligne de démarcation entre le monde supérieur, immuable, et le monde sublunaire, où les éléments sont sans cesse brassés et combinés par la rotation des sphères environnantes, offraient aux astrologues des conditions de paix tout à fait honorables. Ceux-ci ont pu, là comme ailleurs, prendre ce qui leur était utile, et négliger le reste.

Il n'y a pas lieu de s'arrêter à la physique épicurienne, qui n'est autre que l'atomisme rétréci à la mesure socratique, c'est-à-dire vu du côté qui intéresse l'homme et la morale. Nous voici au seuil de l'école, socratique aussi et moraliste à outrance, qui, précisément pour cette raison, a cru trouver dans l'astrologie toute la somme d'utilité que peut contenir la science des mouvements célestes, l'école stoïcienne.

Son fondateur, ou plutôt ses fondateurs — car on ne peut séparer de Zénon ce Chrysippe qui, comme le dit Cicéron, « a consolidé le Portique », — en quête d'une physique susceptible d'être convertie en morale, choisirent celle d'Héraclite. Ils eurent soin de n'y pas laisser entrer les abstractions pythagoriciennes ou les essences spirituelles que Platon associait, qu'Aristote combinait avec les corps. Ils répétaient à tout propos, comme leurs confrères les cyniques, que tout ce qui existe est corporel et nous est connu par contact avec les organes des sens, chacun des sens étant ébranlé par les particules semblables à celles dont il est lui-même composé. Ils arrivaient ainsi par le chemin le plus court au rendez-vous de toutes les philosophies socratiques, à la théorie de l'homme microcosme, image et abrégé du monde, car nous ne connaîtrions pas le monde si nous n'étions faits comme lui. Pour eux aussi, l'homme est la mesure de toutes choses. Si l'homme est semblable au monde, le monde est semblable à l'homme. C'est donc un être vivant, doué de sensibilité et de raison, raison et sensibilité infusées dans la masse de son être sous forme de molécules subtiles, ignées ou aériennes, et établissant entre tous ses membres une sympathie parfaite. Cette sympathie n'a nullement le caractère d'un pouvoir occulte, d'une faculté mystérieuse ; elle est la conséquence mécanique du fait qu'il n'y a point de vide dans la Nature, et que le mouvement de l'une quelconque des parties de l'Être doit avoir sa répercussion dans le monde entier. On n'oubliait plus ce dogme de la sympathie universelle quand on avait entendu dire à un stoïcien qu'un doigt remué modifie l'équilibre de l'univers.

Nous n'avons pas à expliquer comment, à force de contradictions et de paradoxes soutenus avec l'entêtement des gens qui ont leur but marqué d'avance, les stoïciens parvinrent à tirer de ce réalisme grossier une morale très pure. Ceux-là seuls peuvent s'en étonner qui, dupes du son des mots, croient la dignité de l'homme attachée à la distinction de deux substances dotées de qualités contraires. Ne disons pas que cette morale était absolument impraticable, puisqu'il y a eu un Épictète et un Marc-Aurèle ; et surtout n'oublions pas que les premiers stoïciens, reprenant le rêve de Platon, ont caressé l'espoir de l'imposer aux peuples en y convertissant les rois. Le stoïcisme à ses débuts ne resta pas enfermé dans l'école : il fit du bruit dans le monde, et il faut s'en souvenir pour apprécier la somme d'influence qu'il put mettre au service de l'astrologie. Il fut un temps où les parvenus qui s'étaient taillé des royaumes dans l'empire d'Alexandre eurent comme une velléité de se mettre à l'école des stoïciens, qui étaient alors — on n'en saurait douter à ce signe — les philosophes à la mode. Antigone Gonatas était en correspondance avec Zénon ; il assistait parfois aux leçons du philosophe, et il fit venir à Pella, à défaut du maître, deux de ses disciples. L'un d'eux, Persæos, devint le précepteur du prince royal Halcyoneus. Sphæros, disciple de Cléanthe, avait été appelé à Alexandrie par Ptolémée III Évergète avant de devenir le conseiller intime du roi réformateur Cléomène de Sparte. Ces prédicateurs de cour, persuadés que le sage sait tout, écrivaient à l'envi des traités *Sur la Royauté* pour enseigner l'art de régner philosophiquement.

Dans cet art entrait le respect de la religion populaire, et surtout des habitudes auxquelles le vulgaire tenait le plus, c'est-à-dire des divers procédés divinatoires usités pour entrer en communication avec les dieux. Jusqu'à quel point étaient-ils en cela sincères avec eux-mêmes, nous ne saurions le dire; car, s'ils n'avaient pas la foi naïve du peuple, ils croyaient bon tout ce qui est utile à la morale, et la religion, convenablement expurgée, leur paraissait la forme d'enseignement moral appropriée à l'intelligence populaire. Le mythe, l'allégorie, la parabole n'est pas un mensonge, pensaient-ils après bien d'autres, mais seulement le voile plus ou moins transparent de la vérité qui ne serait pas accueillie toute nue. Les stoïciens travaillèrent consciencieusement à soulever le voile pour les initiés, et ils firent au cours de leur exégèse des trouvailles qui serviront d'excuse, après avoir servi d'exemple, à nos mythographes d'aujourd'hui. Nous ne relèverons que les explications concernant les mythes d'origine sidérale. Ils n'en vinrent pas tout de suite à découvrir que la lutte des dieux homériques était le souvenir défiguré d'une conjonction de sept planètes — le mérite en revient au stoïcien Héraclite, contemporain d'Auguste, et sans doute aussi astrologue que stoïcien; — mais on ne douta plus après eux que Apollon ne fût le soleil et Artémis la lune, ou encore Athéné; que Apollon ne dût le surnom de Loxias à l'obliquité de l'écliptique, celui de Pythios à la putréfaction que cause la chaleur humide et qu'arrête la chaleur sèche. Ils enseignaient, du reste, en dehors de toute allégorie, que les astres sont des dieux vivants, bien supérieurs à l'homme et agissant, en vertu de la sympathie universelle, sur son destin. La Terre était pour eux aussi une déesse, la vénérable mère des dieux, Rhéa, Déméter, Hestia. Leur foi, sur ce point, était assez sincère pour en devenir intolérante. Aristarque de Samos s'étant avisé de soutenir que la terre tournait autour du soleil, Cléanthe, disciple et successeur de Zénon au scholarchat, l'accusa d'impiété et voulut le faire condamner par les Athéniens qui, indulgents pour les bouffonneries mythologiques, ne l'étaient nullement pour les athées. Ce sont peut-être ces clameurs qui ont ajourné à près de vingt siècles le triomphe des idées d'Aristarque et affermi la base de tous les calculs astrologiques.

Mais ce qui prédestinait tout particulièrement les stoïciens à se porter garants des spéculations astrologiques et à leur chercher des raisons démonstratives, c'est leur foi inébranlable dans la légitimité de la divination, dont l'astrologie n'est qu'une forme particulière. Ils n'ont jamais voulu sortir d'un raisonnement que leurs adversaires qualifiaient de cercle vicieux et qu'on peut résumer ainsi : « Si les dieux existent, ils parlent : or, ils parlent, donc ils existent ». La conception d'êtres supérieurement intelligents, qui se seraient interdit de communiquer avec l'homme, leur paraissait un non-sens. Mais, tandis que le vulgaire ne cherche à connaître l'avenir que pour se garer des dangers annoncés et tombe dans la contradiction qu'il y a à prétendre modifier ce qui est déjà certain au moment où les dieux le prévoient, les stoïciens s'épuisaient en vains efforts pour concilier la logique, qui mène tout droit au fatalisme, avec le sens pratique, qui demandait à la divination des avertissements utilisables. Si l'avenir est conditionnel, il ne peut être prévu : s'il pouvait être prévu, c'est que les conditions pourraient l'être également, auquel cas il n'y aurait plus de place parmi elles pour les actes libres, la liberté échappant par définition à la nécessité d'aboutir à une décision marquée d'avance. Cet argument, qui tourmente encore les métaphysiciens d'aujourd'hui, acquérait une énergie singulière dans le système de la sympathie universelle, où tout acte posé engendre des répercussions à l'infini. Qu'un seul acte libre vînt à se glisser dans la série des causes et des effets, et la destinée du monde, déviée par cette poussée imprévue, s'engageait dans des voies où l'intelligence divine elle-même ne pouvait plus la précéder, mais seulement la suivre.

Les stoïciens ont vaillamment accepté ces conséquences de leurs propres principes. Ils s'en servaient pour démontrer la réalité de la Providence, la certitude de la divination, et s'extasiaient à tout propos sur le bel ordre du monde, dû à l'accomplissement ponctuel d'un plan divin, aussi immuable que sage. Mais ils n'en étaient pas moins décidés à rejeter les conséquences morales du fatalisme, surtout le « raisonnement paresseux (ἀργὸς λόγος) », qui concluait toujours à laisser faire l'inévitable destinée. Chrysippe fit des prodiges d'ingéniosité pour desserrer, sans les rompre, les liens de la Nécessité, distinguant entre la nécessité proprement dite et la destinée (εἱμαρμένη), entre les causes « parfaites et principales » et les causes « adjuvantes », entre les choses fatales en soi et les choses « confatales » ou fatales par association; cherchant à distinguer, au point de vue du degré de fatalité, entre le passé, dont le contraire est actuellement impossible, et l'avenir, dont le contraire est impossible aussi, en fait, mais peut être conçu comme possible. En fin de compte, l'école stoïcienne ne réussit à sauver que la liberté du sage, laquelle consiste à vouloir librement ce que veut l'Intelligence universelle. Le sage exerce d'autant mieux cette liberté qu'il connaît mieux et plus longtemps d'avance le plan divin. Il peut ainsi marcher, comme le dit Sénèque, au lieu d'être traîné dans la voie tracée par le destin. De là, l'utilité incomparable de la divination, utilité que fait valoir pour l'astrologie, même dans ces limites jugées par lui trop étroites, l'astronome, astrologue et stoïcien péripatétisant Ptolémée, au commencement de sa *Tétrabible*. On va répétant, dit-il, « que la prescience des choses qui doivent arriver quand même est superflue; mais c'est un raisonnement sommaire et sans précision ». Il faut distinguer entre la nécessité absolue et la prédestination naturelle. « Et même s'il s'agit de choses devant arriver nécessairement, n'oublions pas que l'imprévu amène des excès de trouble ou de joie; tandis que savoir d'avance habitue et apaise l'âme, en lui faisant considérer comme présent un avenir éloigné, et la prépare à accepter en paix et tranquillité tout ce qui doit advenir ».

Nous aurons tout le temps d'apprécier la part considérable que prirent les stoïciens à l'élaboration des théorèmes astrologiques en exposant ces théorèmes eux-mêmes. Il est plus difficile — et ceci n'est heureusement pas de notre sujet — d'estimer l'influence qu'exerça en retour sur le stoïcisme l'astrologie, importée en Grèce au moment même où la philosophie du Portique était dans sa période de formation. Ce qui est certain, c'est que Chrysippe reconnaissait dans les « Chaldéens » des alliés, qu'il leur empruntait des exemples de problèmes fatalistes et retouchait à sa façon, pour les rendre irréfutables, les termes de certaines propositions astrologiques, celle-ci, par exemple, que rapporte

Cicéron : « Si quelqu'un est né au lever de la canicule, celui-là ne mourra pas en mer ». Il est remarquable que la vogue du Portique, à laquelle nous faisions allusion tout à l'heure, coïncide avec la diffusion des idées que le Chaldéen Bérose apportait alors de l'Orient.

Voulue ou non, l'alliance de l'astrologie et du stoïcisme se fit par la force des choses; elle se fortifia par l'influence réciproque que ne pouvaient manquer d'exercer l'une sur l'autre des doctrines également préoccupées de savoir et de prévoir. Zénon et Bérose n'étaient pas seulement contemporains. S'il est vrai qu'ils eurent l'un comme l'autre, de leur vivant, leur statue à Athènes, on peut dire que l'instinct populaire avait deviné ce que nous aurons plus de peine et moins de grâce à démontrer.

A. BOUCHÉ-LECLERCQ.

ANNALES DU MUSÉE GUIMET

www.ingramcontent.com/pod-product-compliance
Lightning Source LLC
LaVergne TN
LVHW012105030726
842523LV00002B/739